LES DOSSIERS HACHETTE

Les paysages français

Cycle 3

MARYSE CLARY
MAÎTRE DE CONFÉRENCES À L'IUFM D'AIX-MARSEILLE

hachette
ÉDUCATION

ISBN : 978-2-01-117375-1

AVANT-PROPOS

Étymologiquement, la géographie est l'écriture de la Terre. Mais il y a bien longtemps qu'elle a dépassé le simple stade de la description pour nous apporter une intelligence de l'espace qui nous est d'autant plus nécessaire que nous sommes les acteurs de la géographie.

Les **DOSSIERS HACHETTE** proposent une première découverte de cette discipline. L'objectif est de donner aux élèves les premiers éléments pour comprendre le monde dans lequel ils vivent. Ils vont découvrir que les paysages qu'ils ont sous les yeux ne sont pas uniquement naturels mais qu'ils sont aussi le fruit des activités des sociétés et qu'ils continuent à se transformer pour et par les activités des hommes. Les élèves sont amenés à décrire le paysage et à nourrir cette description des savoirs géographiques, en identifiant des configurations que l'on trouve ici et ailleurs, et en faisant émerger des spécificités. Ils vont décrire un paysage par l'expression orale et écrite mais aussi en le cartographiant et en le schématisant. C'est pourquoi chaque chapitre présente une grande variété de documents (photos, cartes, schémas, diagrammes, croquis…), véritables outils de la géographie choisis en fonction d'une problématique et de leur pertinence pour des élèves de cycle 3.

Le dossier sur *Les paysages français* est découpé en chapitres. Chacun s'organise de la façon suivante :

- Une double page présente un type de paysage avec une entrée par une grande photographie ou une carte, pour répondre aux questions « Quoi ? Où ? ».
- Une double page explique et approfondit le thème étudié à travers des exemples plus détaillés. L'élève peut ainsi confronter des organisations différentes l'amenant à se poser des questions (« Qui ? Pourquoi ? Comment ? ») et à saisir des dynamiques.
- Une double page « *En savoir plus sur…* », ludique et ancrée dans l'actualité, permet de rendre plus vivante cette approche des paysages. Elle s'achève sur un « Carnet de route » qui donne leur cohérence aux documents présentés et résume la leçon.

Tous les trois chapitres, une double page « *À la manière de…* » aide les élèves à utiliser avec méthode les outils de la géographie. Elle les amène à conduire des activités d'enquête et de recherche.

Cette collection contribue à rendre l'élève apte à analyser les images, à en dépasser la vision immédiate, à comprendre comment les sociétés passées et actuelles s'inscrivent dans les paysages et à rendre le monde plus intelligible.

Maryse CLARY

SOMMAIRE

Les paysages

français

Quel est le rôle du relief

La France présente une grande diversité de paysages : certains sont marqués par le relief, d'autres ont été modelés par l'activité des hommes.

Doc. 1 : Les Pyrénées.

1. Situe les Pyrénées sur la carte du relief au début de ton livre.

2. Quel type de relief observes-tu ?

3. D'après toi, pourquoi y a-t-il de la neige au sommet ?

dans les paysages ?

Doc. 2 : Un champ de lavande (Provence).

4. Où se situe ce paysage : dans la France des plaines ou des montagnes (Doc. 2) ? Explique pourquoi.

Doc. 3 : Les gorges du Verdon (Alpes-de-Haute-Provence).

5. Où coule la rivière (Doc. 3) ?

6. Compare les Doc. 1 et 3. Est-ce le même type de relief ? Pourquoi ?

Quel rôle les aménagements des

1. Est-ce un paysage de plaine ou de montagne ?

2. D'après toi, pourquoi les hommes se sont-ils installés dans cette vallée ?

3. Quelles activités humaines repères-tu dans le paysage ?

Doc. 1 : La vallée de la Durance (Provence).

Doc. 2 : La plage de Biarritz (Pyrénées-Atlantiques).

4. D'après toi, pourquoi les gens viennent-ils sur cette plage ?

5. Quelle est l'activité principale de ce lieu ? À quoi le vois-tu dans le paysage ?

hommes jouent-ils dans les paysages ?

Doc. 3 : Le port industriel du Havre (Seine-Maritime).

6. Vois-tu des éléments naturels dans ce paysage (plage, côte...) (Doc. 3) ?

7. Quelle activité a transformé ce paysage ?

Doc. 4 : Marseille (Bouches-du-Rhône).

8. Décris le paysage urbain de Marseille (Doc. 4).

9. Que vois-tu à l'arrière-plan ? Compare cette zone avec le paysage urbain.

10. Comment est l'habitat entre les deux : plus serré ou moins serré qu'au centre-ville ?

Des hauts et des bas

La France possède à la fois la montagne la plus haute d'Europe de l'Ouest, le mont Blanc, et des terres en dessous du niveau de la mer en Bretagne et en Vendée.

Combloux, au pied du mont Blanc (Haute-Savoie).

Du relief dans la langue !

En Bretagne, les noms de lieux sont très marqués par le relief et la géographie du pays.
La langue bretonne est une langue celtique.
Le littoral est appelé l'*Armor* et l'intérieur l'*Argoat*.
Le mot *Morbihan* est composé de *mor* qui signifie « mer » et de *bihan* qui signifie « petite ». Il désigne la « petite mer » qu'est le golfe du Morbihan.
La mairie du village se dit *ti-kêr*, de *ti*, « la maison », et *kêr*, « le village ».

Géométrie

La France ressemble à une figure géométrique. On peut la faire entrer soit dans un hexagone (figure à six côtés), soit dans un cercle de 500 km de rayon.
Il y a presque la même distance de Dunkerque à Perpignan et de Brest à Strasbourg.

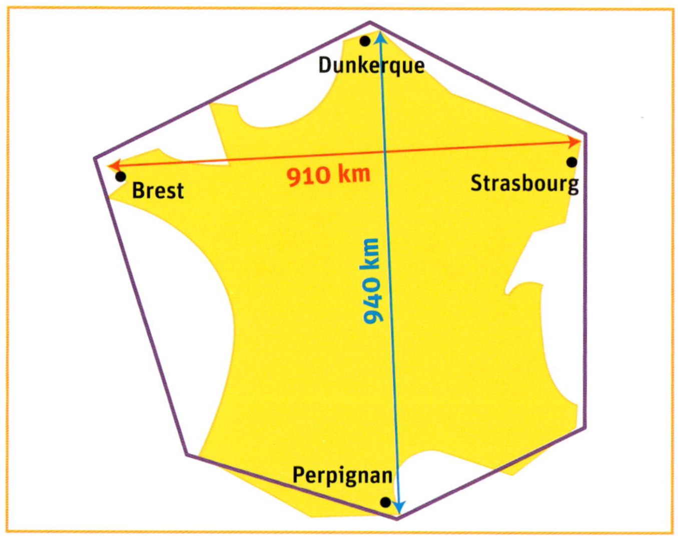

Une rivière capricieuse !

Le paysage de Navacelles, dans l'Hérault, est unique en Europe. Le village s'est installé dans une ancienne boucle de la rivière de la Vis. Mais la rivière n'est plus là ! En effet, la Vis a abandonné cette vallée car elle a trouvé un chemin plus court.

Le cirque de Navacelles (Hérault).

LEXIQUE

Altitude : hauteur d'un point au-dessus de la mer.

Paysage : ce que nous voyons d'un morceau de la Terre.

Plaine : étendue plane et basse.

Plateau : étendue plate dans laquelle les vallées sont encaissées.

Relief : les montagnes, les plateaux, les plaines, les vallées et les collines sont les principales formes de relief.

CARNET DE ROUTE

Des paysages marqués par le relief

Le territoire français est largement ouvert sur le continent européen et les mers. Il se caractérise par une grande diversité de paysages due à la variété du relief :

- au Nord et à l'Ouest, une France des **plaines** (Bassin aquitain, Bassin parisien) et des **plateaux** (Massif armoricain, Ardennes) ;
- à l'Est et au Sud, une France des **montagnes** avec les **hauts massifs** des Alpes et des Pyrénées, aux **altitudes** élevées, et les **moyennes montagnes** (Massif central, Vosges et Jura) (voir la carte du relief au début du livre).

Des paysages façonnés par les hommes

Les paysages ont été façonnés par les hommes au cours de leur longue histoire. On distingue :

- des **paysages ruraux** modelés par des paysans qui, depuis des siècles, travaillent la terre ;
- des **paysages urbains** au peuplement dense et aux habitations resserrées ;
- des **paysages touristiques**, principalement le long des côtes et en montagne ;
- des **paysages industriels** qui ont beaucoup changé.

L'évolution des paysages

Les paysages changent et évoluent avec le **développement des activités humaines** (tourisme, extension des villes, industrie à la campagne…) et des aménagements des hommes.

Les paysages connaissent des transformations mais gardent les traces des sociétés qui les ont créés.

Quels sont les climats

À égale distance du pôle Nord et de l'équateur, la France est au cœur de la zone tempérée. Cependant, ses climats sont variés.

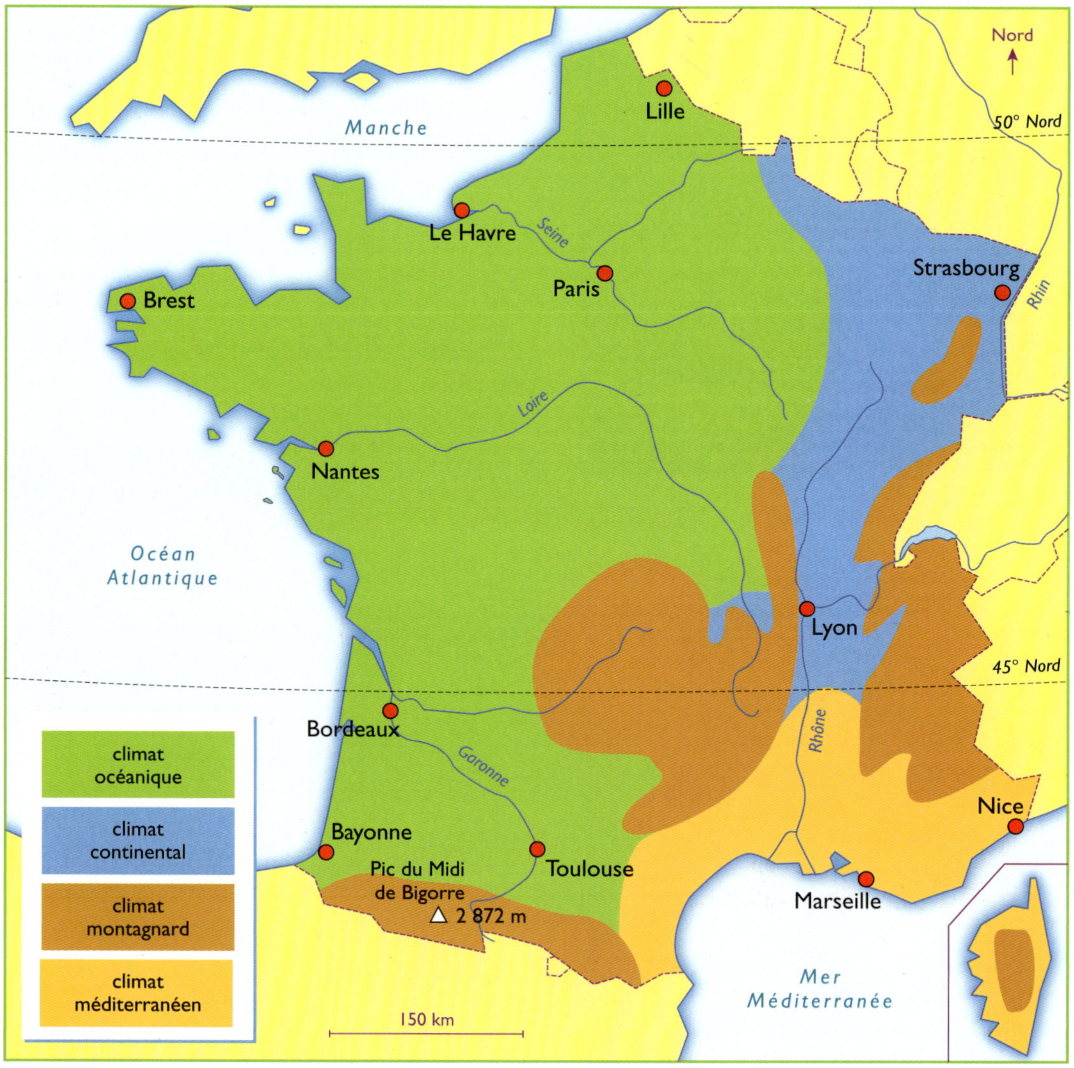

Doc. 1 : Les climats de la France.

1. Nomme et repère sur la carte les différents types de climats.

2. Quel est le climat le plus présent en France ?

3. Repère ta région. Dans quelle zone climatique se situe-t-elle ?

4. Quelles sont les zones du climat montagnard ?

de la France ?

5. Décris le paysage et la végétation.

6. Quel temps fait-il ?

7. Sous quel type de climat se trouve ce paysage ? Aide-toi de la carte des climats page 12.

Doc. 2 : Le littoral de la côte atlantique.

Doc. 3 : Le littoral corse, en Méditerranée.

8. Compare la végétation du Doc. 3 avec celle du paysage du Doc. 2. Quelles différences observes-tu ?

9. Comment peux-tu expliquer ces différences ?

10. Dans quel climat se situe ce paysage (Doc. 3) ? Aide-toi de la carte des climats page 12.

Doc. 1 : Les quatre saisons d'un arbre.

1. Utilise ces quatre photographies pour faire correspondre à chaque saison une étape du cycle de la végétation.

sont-ils variés ?

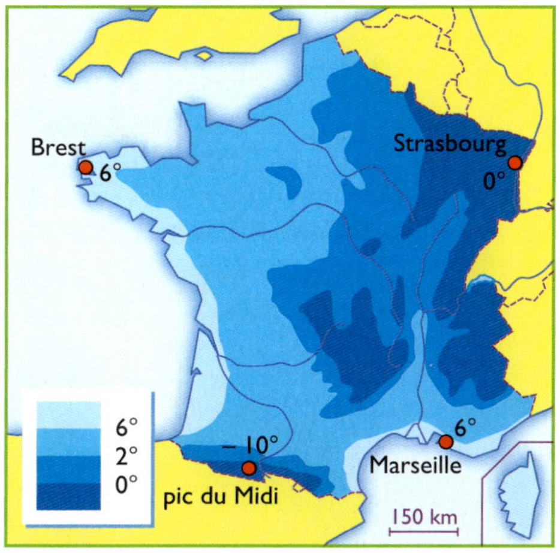

Doc. 2 : Les températures relevées en janvier à Brest, à Strasbourg, au pic du Midi et à Marseille.

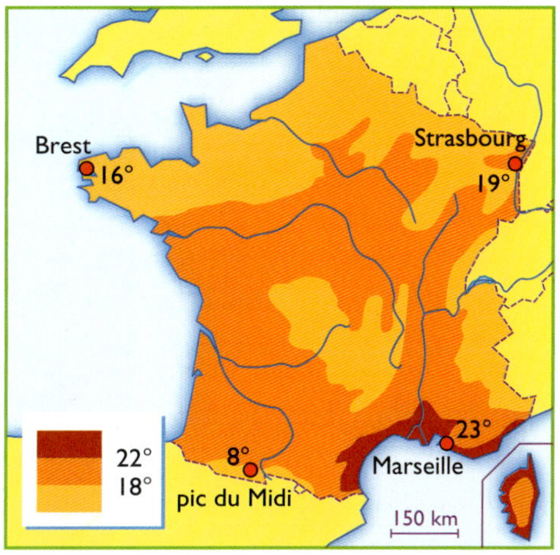

Doc. 3 : Les températures relevées en juillet à Brest, à Strasbourg, au pic du Midi et à Marseille.

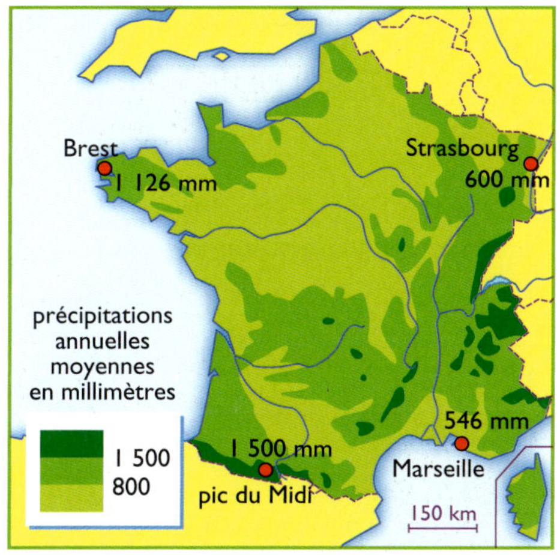

Doc. 4 : Les précipitations annuelles relevées à Brest, à Strasbourg, au pic du Midi et à Marseille.

2. Dans quel climat se situe chacune de ces stations météorologiques (Brest, Strasbourg, Marseille et le pic du Midi) ? Aide-toi de la carte page 12.

3. Quelle station a le climat le plus chaud en été (Doc. 3) ? le plus froid en hiver (Doc. 2) ?

4. Quelle est la station où il pleut le moins (Doc. 4) ?

5. Dans quelle station y a-t-il le plus de précipitations ?

QUAND LA NEIGE EST PRÉCOCE DANS LES ALPES DU SUD

Il arrive, certaines années, que la neige tombe beaucoup plus tôt que prévu. Ce fut le cas en novembre 2003. Il fallut d'abord rassembler les bêtes dans le parc pour les compter, les séparer selon les marques, et prévoir la descente rapide [des alpages]. Il n'aurait pas été prudent de prolonger le séjour là-haut plus longtemps. Les brebis l'avaient compris, elles rechignaient à retourner au parc de la cabane, elles n'avaient qu'une idée en tête, descendre.

M.-L. et M. Gourdon, *Berger d'en haut*, éd. du Cabri, Breil-sur-Roya, 2005.

6. Quelles bêtes élève ce berger ?

7. Où se trouve le troupeau en été ?

8. Quelles sont les conséquences pour le berger d'une neige précoce en montagne ?

9. Pourquoi les brebis ne passent-elles pas l'hiver dans les alpages comme en été ?

Doc. 5

Une tempête exceptionnelle

Quand le climat se déchaîne… Le 26 décembre 1999, la plupart des communes des Vosges se sont réveillées privées d'électricité et de téléphone. Une grande partie de la forêt était à terre après une tempête exceptionnelle où les vents ont soufflé à plus de 170 km/h.

La forêt des Vosges après la tempête.

Les rues de Vaison-la-Romaine (Vaucluse) pendant la crue.

La crue de l'Ouvèze

Vaison-la-Romaine (Vaucluse) a été dévastée par une crue de l'Ouvèze le 22 septembre 1992 à cause de très fortes pluies (300 mm en quelques heures) et des constructions en zone inondable. Un brusque courant d'eau et de boue a tout emporté sur son passage, faisant 36 morts et des dégâts matériels.

Les dictons météo

De nombreux dictons populaires parlent de la météo.

- Lune brouillée, pluie assurée.
- Lune rouge en se levant annonce le vent.
- Rouge au couchant, vent au levant.
- Ciel rouge le soir annonce le beau temps.
- Forte chaleur en septembre, à pluie d'automne faut s'attendre.
- Noël au balcon, Pâques au tison.

La canicule de l'été 2003 à Paris

Scène curieuse aux abords de la pyramide du Louvre ! Les visiteurs éprouvés par la canicule avaient bien besoin de se rafraîchir. Les températures ont battu des records de chaleur cet été-là.

Autour de la pyramide du Louvre.

les climats

L'effet de serre

Notre planète ressemble à une serre de jardinier : les rayons solaires passent à travers l'atmosphère et réchauffent la Terre. La chaleur s'accumule. Heureusement ! Sans cet effet de serre, le température moyenne serait de – 18 °C au lieu de 15 °C. Mais, depuis deux siècles, les activités des hommes augmentent l'effet de serre, ce qui accélère le réchauffement climatique.

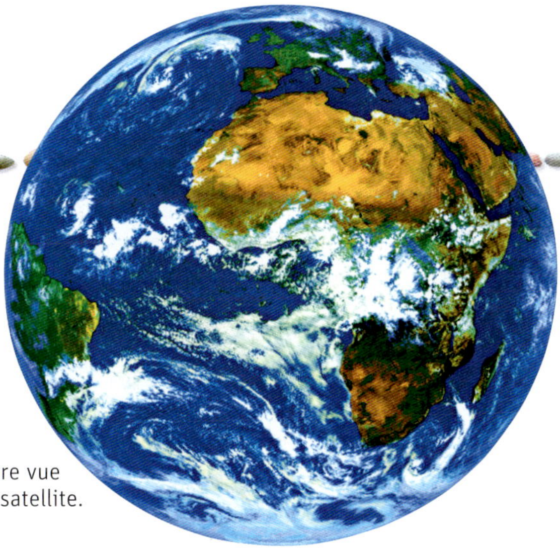

La Terre vue d'un satellite.

LEXIQUE

Climat : ensemble de types de temps qui se succèdent sur une année. Le climat se définit par les températures et les précipitations.

Précipitation : humidité qui tombe du ciel sous forme de pluie, de neige ou de grêle.

CARNET DE ROUTE

La France est dans la zone tempérée

La France a un **climat** **tempéré**. Il se caractérise par **quatre saisons bien marquées** (printemps, été, automne, hiver). Ces saisons se distinguent par des **changements de température** et une **variation de la hauteur des pluies**.

La France présente des climats variés

Ce climat tempéré présente une **grande variété** selon le lieu où nous nous trouvons : il est plus ou moins chaud, plus ou moins arrosé.

Le climat océanique, situé à l'Ouest, en bordure de l'océan Atlantique, se caractérise par des hivers doux, des étés frais, de faibles écarts de température et des **précipitations** régulières. Il pénètre largement à l'intérieur des terres. Il est le climat dominant en France.

Le climat continental, à l'Est, présente des écarts de température plus importants. Il se caractérise par des hivers froids et des étés chauds et orageux.

Le climat méditerranéen, au Sud, au bord de la mer Méditerranée, connaît des hivers doux et des étés chauds et secs.

Le climat montagnard se caractérise par un fort enneigement en hiver.

Vers un changement climatique ?

Parfois, ces climats se dérèglent et provoquent des **catastrophes** comme les tempêtes, les inondations et la canicule. Ils bouleversent souvent la vie des hommes. Mais les activités humaines sont aussi à l'origine de **dérèglements climatiques**.

Les énormes quantités de gaz rejetées dans l'air notamment par l'industrie et l'automobile renforcent **l'effet de serre** naturel et accélèrent le **changement climatique** : le cycle des saisons, des précipitations et des vents se modifie et le niveau des océans monte.

Quels sont les paysages

Plus de la moitié du territoire français est composée de plaines et de plateaux. Ces basses terres sont situées à moins de 250 m d'altitude.

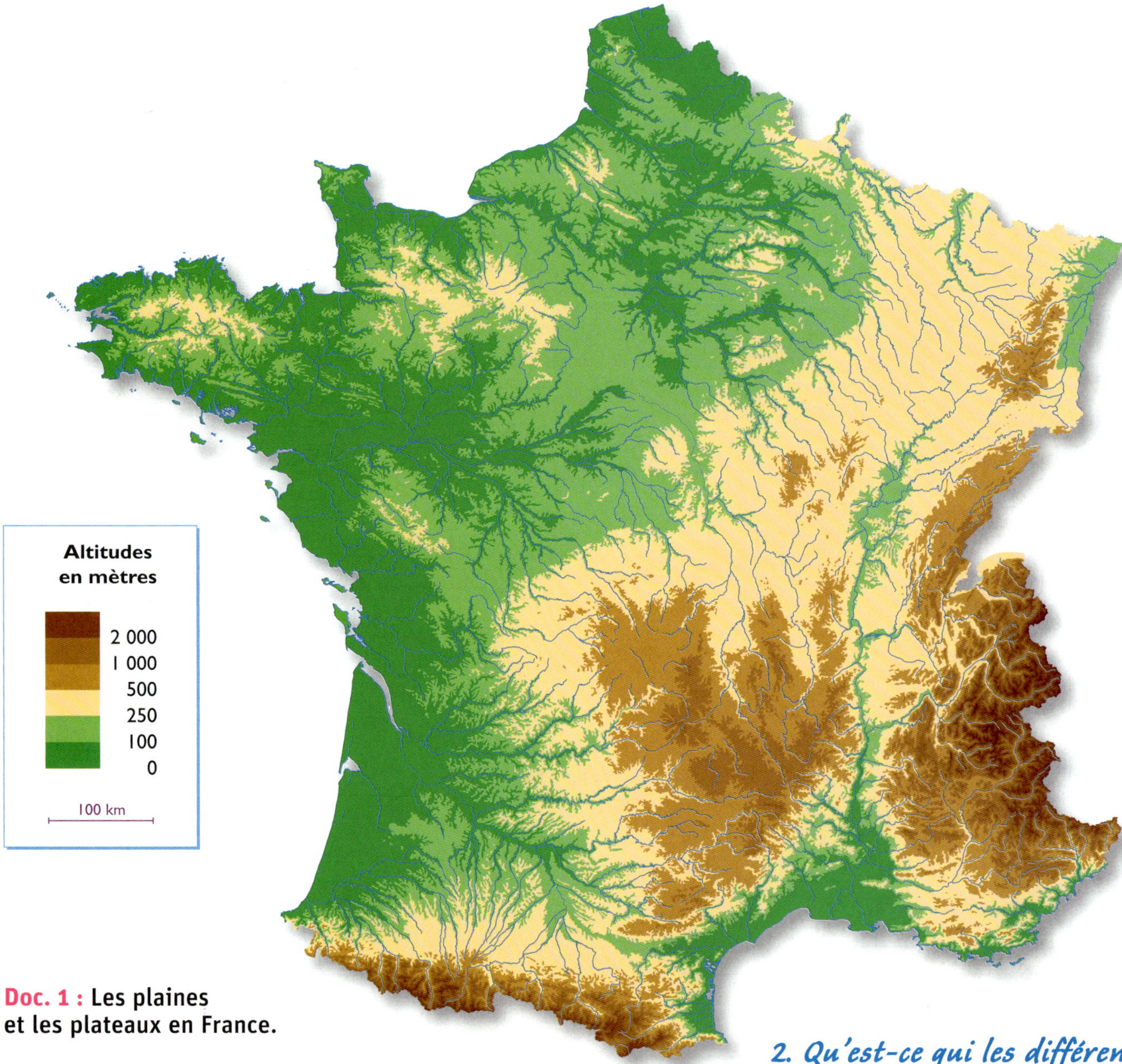

Doc. 1 : Les plaines et les plateaux en France.

1. Repère les zones de basses terres. Où se situent-elles ?

2. Qu'est-ce qui les différencie des zones de montagne ?

3. Quelle grande opposition apparaît sur cette carte ?

de basse altitude ?

Doc. 2 : Un champ après les moissons (Bassin parisien).

4. Quel adjectif peux-tu utiliser pour décrire ce paysage : vallonné, plat, montagneux... (Doc. 2) ?

5. Quel type de paysage observes-tu ?

Doc. 3 : Le cap Blanc-Nez (Pas-de-Calais).

6. Quel adjectif peux-tu utiliser pour décrire ce paysage : vallonné, plat, montagneux... ?

7. Comment se termine le plateau au-dessus de la mer ?

8. Qu'est-ce qui différencie le plateau (Doc. 3) de la plaine (Doc. 2) ?

1. Quel type de relief observes-tu (Doc. 1) ?

2. Comment l'homme a-t-il aménagé le paysage ? Pourquoi ?

3. Quelles activités observes-tu dans cette vallée ?

Doc. 1 : Dans la vallée de la Garonne, à Agen (Lot-et-Garonne).

4. Qu'est-ce qui a permis l'aménagement de la plaine du Comtat Venaissin (Doc. 2) ?

5. Quels éléments apparaissent dans le paysage ?

Doc. 2

LE COMTAT VENAISSIN

L'irrigation a fait du Comtat Venaissin (autour d'Avignon) de véritables jardins consacrés aux fruits et aux légumes cultivés dans de petites propriétés. Les cultures maraîchères et fruitières marquent le paysage : rigoles d'arrosage, canaux d'irrigation, asperseurs, parcelles régulières entourées de haies de cyprès ou de peupliers destinées à protéger les cultures du vent.

Doc. 3 : La plaine du Comtat Venaissin (Vaucluse).

6. Ce paysage est-il naturel ?

7. Comment l'homme a-t-il aménagé cette plaine ?

8. Retrouve sur cette photographie des éléments décrits dans le Doc. 2.

Doc. 4 : Royan (Charente-Maritime).

9. En bordure de quel océan se situe ce paysage ?

10. Pourquoi peut-on dire que c'est une plaine littorale ?

11. Ce paysage est-il naturel ou aménagé ?

12. Décris les aménagements. À quelles activités correspondent-ils ?

En savoir plus sur… les paysages

Une histoire millénaire

Les plaines et les vallées ont été très tôt occupées par les hommes. Dans la vallée de la Dordogne, les sites préhistoriques sont nombreux.

La Roque-Gageac (Dordogne).

Les marais salants de Guérande (Loire-Atlantique).

Les marais salants

En bord de mer, les zones humides et basses sont traditionnellement utilisées pour les marais salants. Les hommes y extraient le sel en laissant l'eau de mer s'évaporer dans des casiers.

La protection des zones humides

Depuis 1971, la Convention de Ramsar propose des mesures de protection des zones marécageuses. Les zones humides servent d'immenses réservoirs à de nombreuses espèces (oiseaux, poissons et autres animaux).

Affiche pour la Journée mondiale des zones humides 2005 (Ramsar, pôle Languedoc-Roussillon).

La plaine de la Beauce

Beaucoup de poètes ont été inspirés par les paysages. Charles Péguy (1873-1914) a écrit sur la plaine de la Beauce.

Étoile de la mer, voici la lourde nappe
Et la profonde houle et l'océan des blés
Et la mouvante écume et nos greniers comblés.
Voici votre regard sur cette immense chappe
Et voici votre voix sur cette immense plaine. […]
Ainsi nous naviguons vers votre cathédrale,
De loin en loin surnage un océan de meules,
Rondes comme des tours, opulentes et seules…

Charles Péguy, *Prières dans la cathédrale de Chartres.*

La plaine vue par Claude Monet

Beaucoup de peintres se sont inspirés des paysages de plaine et de plateau dans leur œuvre.
Claude Monet (1840-1926) a peint les différents aspects de la lumière sur les meules dans la plaine de Normandie.

« Les Meules, fin de l'été », 1891.

LEXIQUE

Plaine : étendue plane et basse.

Plateau : étendue plate dans laquelle les vallées sont encaissées.

Pouvoirs publics : l'État et les organismes élus : les conseils régionaux, les conseils généraux et les conseils municipaux.

Zone humide : zone de marais riche par sa faune et sa flore.

CARNET DE ROUTE

Les zones de basse altitude

Le territoire français est constitué majoritairement de terres basses comprises **entre le niveau de la mer et 250 m d'altitude** : les **plaines** et les **plateaux**. Ces zones sont présentes partout sur le territoire et sont de dimensions et de formes variées.

Cependant, la France des plaines et des plateaux se situe principalement **au Nord et à l'Ouest**. Le **Bassin parisien** et le **Bassin aquitain** sont les plaines françaises les plus étendues. Elles se situent à une faible altitude, respectivement à 178 m et 135 m en moyenne.

L'aménagement des plaines et des plateaux

Ces zones sont **peuplées**, **aménagées** et **mises en valeur depuis des siècles**.

Certaines sont tournées vers une **agriculture intensive et mécanisée** (la Beauce, la Brie). D'autres plutôt vers l'**industrie** grâce à de **larges vallées faciles d'accès** et à des **voies de communication** importantes (la Seine, le Rhône, le Rhin). L'habitat et les commerces s'y sont concentrés.

Des zones fragiles

Ces zones de basses terres sont souvent fragiles. Certaines sont parfois touchées par des inondations (fortes pluies, crues des fleuves) aggravées par certains aménagements humains.

D'autres, les **zones humides** (Camargue, baie de Somme, Marais poitevin), sont **menacées de disparition** ainsi que les espèces qui y vivent. Les **pouvoirs publics** ont pris conscience de leur importance et tentent de les préserver (création de parcs naturels régionaux en Normandie, dans le Nord, en Aquitaine…).

Je découvre différents points de vue

Une photographie est une vision d'une partie seulement d'un paysage, celle que le photographe peut voir dans l'objectif ou sur l'écran de son appareil.
La façon dont il va cadrer la photographie et l'endroit d'où il va la prendre peuvent donner une vision différente d'un même lieu.

J'observe une photographie prise d'un point haut

Photographie du village de Riquewihr (Haut-Rhin) prise d'un point haut.

Cette photographie a été prise du sommet d'une colline qui domine le village : c'est une photographie en oblique.
La photographie en oblique te permet d'avoir une vue d'ensemble du paysage (le village, les vignobles autour). Les maisons et leurs façades sont bien visibles.
Tu observes le relief : les collines et la vallée.

un photographe

J'OBSERVE UNE PHOTOGRAPHIE AÉRIENNE

Un photographe professionnel peut prendre des photographies à partir d'un avion ou d'un hélicoptère.
La photographie aérienne te permet d'observer des éléments que tu ne voyais pas sur la photographie en oblique : les parcelles du vignoble autour du village, les voies de communication, l'ensemble des maisons…
En revanche, tu ne peux plus voir les éléments du relief.
Plus on s'élève en hauteur au-dessus du paysage, plus la vision est écrasée : le relief disparaît.

Photographie aérienne du village de Riquewihr (Haut-Rhin).

J'OBSERVE LE PAYSAGE DE MA VILLE OU DE MON VILLAGE

- En classe, cherchez des photographies de votre ville ou de votre village : des cartes postales, des dépliants touristiques, des documents de la mairie… Vous pouvez vous-mêmes prendre des photographies lors d'une sortie scolaire.
- Classez les photographies selon qu'elles ont été prises au sol, d'un point haut ou d'avion.
- Décrivez chaque paysage.
- Formez trois groupes dans la classe. Chaque groupe réalise un panneau d'affichage : les vues au sol, les vues en oblique et les vues aériennes. Écrivez à côté de chaque photographie ce que vous observez.
- Organisez une exposition.
- Vous pouvez choisir de chercher des photographies d'autres régions de France.

Qu'est-ce qu'un paysage

Les paysages de montagne présentent les formes de relief les plus spectaculaires : les sommets sont élevés, les pentes sont abruptes et les vallées encaissées.

Doc. 1 : Le massif du Mont-Blanc au-dessus de Chamonix (Haute-Savoie).

1. Situe le mont Blanc sur la carte du relief au début de ton livre. Quelle est son altitude ?

2. Quel type de montagne observes-tu sur cette photographie ?

3. Aide-toi de la photographie pour donner une définition d'une vallée, d'un versant et d'un sommet.

de montagne ?

Doc. 2 : Le ballon de Guebwiller dans les Vosges (Haut-Rhin).

4. Situe cette photographie sur la carte du relief au début de ton livre.

5. De quel type de montagne s'agit-il ?

6. Décris les sommets et les pentes.

7. Écris un texte pour comparer ce paysage et celui du Doc. 1.

Les paysages de montagne

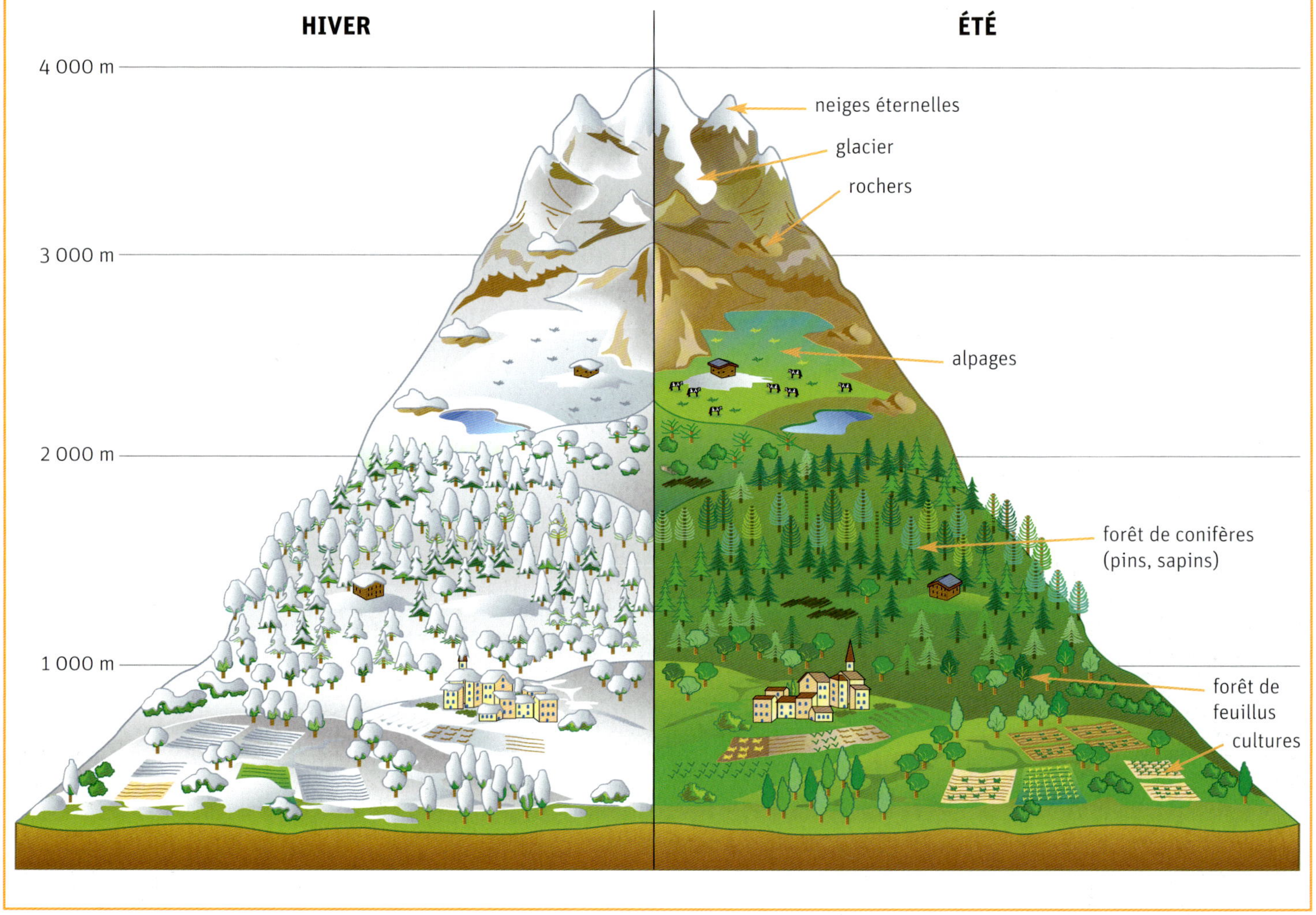

Doc. 1 : L'étagement de la végétation dans les Alpes, en hiver et en été.

1. Quels sont les étages de la végétation en été ?

2. Pourquoi la végétation est-elle différente lorsqu'on monte en altitude ?

3. Que se passe-t-il en hiver ?

4. Pourquoi l'agriculture est-elle difficile en haute montagne ?

5. Comment les hommes ont-ils adapté l'agriculture au milieu montagnard ?

Doc. 2 : Le village de Tignes en 1945 (Savoie).

6. Décris le paysage (Doc. 2).

7. À ton avis, de quoi vivaient les gens qui habitaient ce village ?

8. Tignes était-il facilement accessible en hiver ?

Doc. 3 : La station de Tignes aujourd'hui (Savoie).

9. Décris le nouveau paysage. Qu'est-ce qui a changé entre 1945 et aujourd'hui ?

10. Quelle est l'activité principale de Tignes aujourd'hui ?

11. La neige est-elle encore un handicap ?

Qui a « inventé » le mont Blanc ?

Jusqu'au XVIIIe siècle, le mont Blanc s'appelait le « mont Maudit ». C'est un savant genevois, Horace de Saussure, qui en a changé le nom et organisé la conquête. La première ascension en 1786 est due à deux Chamoniards, Jacques Balmat et Michel-Gabriel Paccard. L'année suivante, de Saussure réussit à son tour l'ascension aux côtés de Balmat. À Chamonix, une statue représente les deux hommes tournés vers le mont Blanc.

Statue de de Saussure et Balmat devant le mont Blanc.

Un loup venu d'Italie.

Des loups dans les Alpes

En 1992, des loups en provenance d'Italie se sont installés en France. Ils seraient aujourd'hui une trentaine dans les Alpes du Sud. Leur apparition pose problème aux éleveurs qui ont perdu l'habitude de cohabiter avec eux. Les loups se nourrissent d'animaux sauvages et attaquent parfois des moutons.

Les chalets savoyards

En haute montagne, le chalet est la maison traditionnelle : le rez-de-chaussée est en pierre, les étages sont en bois avec des balcons fleuris en été. Le toit est en pente pour permettre à la neige de glisser.

Un chalet montagnard (Savoie).

La mer de Glace

À partir de la seconde moitié du XIXe siècle, des touristes européens issus de la noblesse et de la bourgeoisie se mirent à fréquenter les Alpes sous la conduite de guides et de porteurs montagnards. Les vêtements de ces touristes étaient à peu près les mêmes qu'à la ville et peu adaptés à la montagne !

Une famille bourgeoise et son guide sur la mer de Glace, vers 1910 (Haute-Savoie).

LEXIQUE

Altitude : hauteur d'un point au-dessus de la mer.

CARNET DE ROUTE

Les montagnes françaises

On distingue plusieurs types de montagnes :
- **les hautes montagnes** comme les Alpes (mont Blanc, 4 808 m), les Pyrénées (pic d'Aneto, 3 408 m) et le Jura (crêt de la Neige, 1 718 m), aux sommets élevés et aux vallées profondes avec des pentes très fortes ;
- **des moyennes montagnes** aux sommets arrondis ou de vieux massifs (Vosges, Ardennes, Massif central, Massif armoricain).

Des milieux difficiles

Les montagnes se caractérisent par leur **relief élevé et accidenté**. La température diminue au fur et à mesure que l'on s'élève en **altitude** et il neige en hiver.

L'étagement de la végétation en fonction de l'altitude et de l'exposition au Soleil est une caractéristique du milieu montagnard. Les hommes se sont quand même adaptés à ce milieu en pratiquant l'agriculture et l'élevage. Mais la vie en montagne restait difficile à cause du froid, de la neige, du relief accidenté et des difficultés de circulation.

Des paysages en évolution

Aujourd'hui, de nouvelles activités se sont implantées, comme les **sports d'hiver** qui attirent beaucoup de vacanciers.

Le développement du **tourisme de masse hivernal** a transformé certains massifs. Des stations de ski ont été construites parfois à très haute altitude, dénaturant les paysages. La neige, qui était un handicap, est devenue « **l'or blanc** ». Pour protéger les paysages, les pouvoirs publics ont créé des parcs naturels nationaux (les Écrins, la Vanoise, le Mercantour, les Pyrénées occidentales et les Cévennes).

Qu'est-ce qu'un

Les paysages ruraux regroupent tout ce qui n'est pas la ville. Il y a une grande diversité de paysages ruraux : certains sont fortement aménagés par l'homme, d'autres sont encore naturels.

Doc. 1 : Un paysage de champs ouverts (Moselle).

1. Dans quelle partie de la France se situe ce paysage ?

2. Quel type de relief observes-tu ?

3. Les maisons sont-elles groupées ou dispersées ?

4. Quelle est la forme des champs ? Sont-ils fermés par des haies ou des clôtures ou sont-ils ouverts ?

5. À ton avis, que cultive-t-on ici ?

paysage rural ?

Doc. 2 : Un paysage de bocage (Côtes-d'Armor).

6. Décris la taille et la forme des champs (Doc. 2). Compare-les avec ceux du Doc. 1.

7. Par quoi sont entourées les parcelles ?

8. Comment sont disposées les maisons dans le paysage ?

9. Que vois-tu dans ce paysage (Doc. 3) ?

10. Pourquoi fait-on pousser des plantes sous serres ?

11. Compare ce paysage avec ceux des Doc. 1 et 2.

12. La nature est-elle encore présente dans ce paysage ?

Doc. 3 : Un paysage de cultures sous serres.

Doc. 1 : Un troupeau de brebis dans les Cévennes.

1. Décris le paysage et le relief (Doc. 1).

2. Quelle est l'activité principale de ce village ?

3. À ton avis, ce paysage rural s'est-il beaucoup ou peu transformé ? Explique ta réponse.

4. Que fait la machine dans ce champ ?

5. Quels adjectifs peux-tu employer pour décrire ce type d'agriculture : traditionnelle, industrielle, manuelle, mécanisée ?

6. Compare ce paysage rural avec celui du Doc. 1.

Doc. 2 : Les moissons d'un champ de blé (Bassin parisien).

Doc. 3 : Un randonneur dans le parc naturel du Vercors (Isère).

7. Quel est le relief de ce paysage (Doc. 3) ?

8. Quel adjectif peux-tu utiliser pour décrire ce paysage : humanisé, naturel, aménagé ?

9. Quelle activité principale pratique-t-on dans ce paysage ?

10. D'après toi, pourquoi a-t-on créé un parc naturel à cet endroit ?

11. Observe ce paysage. Y a-t-il des champs cultivés (Doc. 4) ?

12. Qu'est-ce qui s'est installé au milieu des champs ?

13. Ce paysage est-il à la ville ou à la campagne ? Pourquoi ?

Doc. 4 : Autour de Châlons-en-Champagne (Marne).

La campagne au cinéma

Ces dernières années, le retour en milieu rural est à la mode au cinéma.

Affiche du film « Le Bonheur est dans le pré » (1995).

La renaissance d'un paysage rural

Située en zone de moyenne montagne, la vallée de la Petite-Meurthe a vu ses terres agricoles progressivement envahies par la forêt en raison du départ des agriculteurs. Pour lutter contre cela, les élus ont décidé de construire une bergerie intercommunale. Elle est louée à un éleveur qui s'engage à déplacer son troupeau sur les différentes friches agricoles.

La bergerie de la Petite-Meurthe (Vosges).

La forêt des Landes.

Hit-parade de la forêt

Les deux premiers départements forestiers de France sont les Landes et le Var.

La disparition du bocage

Dans l'Ouest, les paysans ont réuni leurs terres en une seule exploitation. Ceci s'est souvent accompagné de la destruction des haies du bocage, qui étaient le refuge des oiseaux.

L'élargissement des parcelles du bocage (Deux-Sèvres).

LEXIQUE

Bocage : champs fermés par des haies.

Campagne : paysage de champs.

Exploitation agricole : ensemble des champs travaillés par un agriculteur.

Périurbain : autour de la ville.

Rural : tout ce qui est entre la ville et un espace naturel sans trace humaine apparente.

CARNET DE ROUTE

Qu'est-ce qu'un paysage rural ?

Autrefois, les paysages **ruraux** étaient des paysages agricoles. Aujourd'hui, ils sont encore en grande partie des paysages de **campagne** mais ils sont très divers et généralement peu peuplés.

On distingue deux grands types de paysages agricoles :

– les paysages de **champs ouverts** (openfield), principalement dans le Bassin parisien, le Bassin aquitain et le Nord. Les **exploitations agricoles** regroupent des champs de grande taille, sans clôture ;

– les paysages de **bocage**, dans l'Ouest, avec des petits champs fermés par des haies.

Les paysages ruraux changent-ils ?

Les paysages ruraux se transforment rapidement et présentent de multiples visages.

Certains ont une **agriculture prospère** (culture de céréales du Bassin parisien, vignobles du Bordelais ou de la Bourgogne).

D'autres paysages paraissent à l'abandon, menacés par les **friches** ou par la forêt qui envahit les terres.

Certains ont été protégés pour respecter le patrimoine naturel (création de parcs naturels régionaux et nationaux).

D'autres encore ont été transformés par le tourisme, le développement des loisirs et la multiplication des **résidences secondaires**.

C'est **autour des villes** que les paysages ruraux se sont le plus transformés. Des lotissements, des zones actives et commerciales et des voies de communication pour les relier à la ville surgissent au milieu des champs. La limite entre la ville et la campagne devient floue : ce sont des paysages **périurbains**.

Qu'est-ce qu'un

Les paysages urbains ont beaucoup changé
ces dernières années. En effet,
les Français sont de plus en plus nombreux à vivre en ville.

Doc. 1 : La ville de Dijon (Côte-d'Or).

1. Combien distingues-tu de types de maisons au premier plan ?

2. Quel type de quartier observes-tu au second plan ?

3. Quel type d'habitat aperçois-tu à l'arrière-plan ?

paysage urbain ?

4. Décris le centre ancien (rues, habitat, espaces verts…).

5. Décris les quartiers plus récents au premier plan.

6. Quelles différences observes-tu ?

Doc. 2 : Photographie aérienne de Nîmes (Gard).

Doc. 3 : Le cours Saleyat, à Nice (Alpes-Maritimes).

7. Quelle est l'activité principale de cette place ?

8. Décris les façades.

9. D'après toi, dans quelle partie de la ville se situe cette photographie ?

Quels sont les

Doc. 1 : La Grand-Place de Lille (Nord).

1. Décris cette place et les façades des immeubles qui l'entourent.

2. D'après toi, quel type d'activités trouve-t-on dans ce centre-ville ?

3. Utilise cette photographie pour donner une définition du centre-ville.

Doc. 2 : Le quartier d'affaires de La Défense (Paris).

4. Quelle est l'activité principale de ce quartier ?

5. Compare-le avec le Doc. 1. Quelles différences observes-tu ?

Doc. 3 : Une banlieue pavillonnaire (Gournay-sur-Marne, Seine-et-Marne).

6. Quel type d'habitat observes-tu sur cette photographie (Doc. 3) ?

7. Comment sont disposées les habitations ?

Doc. 4 : Les quartiers sud de Marseille (Bouches-du-Rhône).

8. Décris les différents types d'habitations.

9. Compare ce quartier avec le Doc. 3. Quelles différences observes-tu ?

Les mouvements pendulaires

Tous les jours, les gens quittent la banlieue le matin pour aller travailler dans le centre-ville. Ils font le même trajet dans l'autre sens le soir. Tout le monde se déplace en même temps dans un sens, puis dans l'autre. Cela crée des embouteillages !

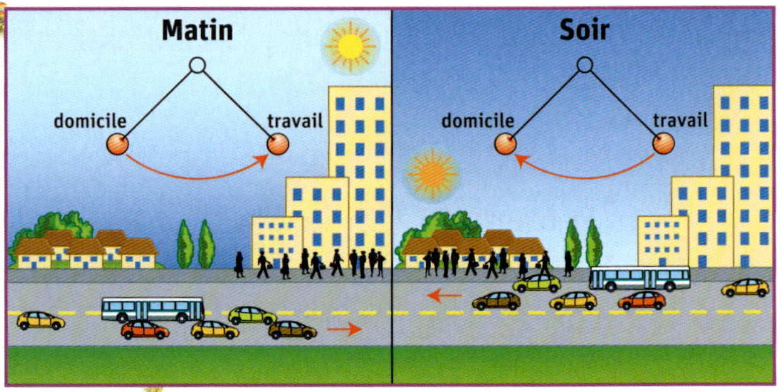

Des allers-retours entre le domicile et le travail.

La pollution atmosphérique à Paris.

La pollution des villes

L'étalement des villes et le développement de l'automobile entraînent une forte progression de la pollution atmosphérique due aux gaz d'échappement des voitures.

La verdure au cœur de la ville

Le développement des espaces verts dans la ville permet de réduire la pollution de l'air et apporte bien-être et détente aux citadins.

Les jardins du Palais-Royal (Paris).

Un tramway dans la ville

Le tramway facilite l'accès des banlieusards au centre-ville, évite les embouteillages et réduit la circulation des voitures. C'est un moyen de transport collectif rapide et silencieux.

Le tramway de Bordeaux (Gironde).

LEXIQUE

Banlieue : communes autour d'une ville qui forment avec elle un ensemble.

Grand ensemble : habitat collectif de grande taille sous forme de tour ou de barre.

Lotissement : ensemble de maisons individuelles à peu près toutes identiques et regroupées.

Métropole : très grande agglomération.

CARNET DE ROUTE

Les villes françaises

Paris est la **plus grande ville de France**, avec près de 10 millions d'habitants. Elle est la **capitale**.

Lyon, **Marseille** et **Lille** arrivent ensuite avec près de 2 millions d'habitants.

Huit agglomérations dépassent les 500 000 habitants. La France possède également un **très grand nombre de villes petites et moyennes** (voir la carte à la fin du livre).

Des paysages urbains variés

À l'intérieur d'une ville, les paysages sont très variés. Les **quartiers changent** suivant leur histoire, leur population et les activités de leurs habitants.

Toutes les villes ont un **centre ancien** avec des monuments et des quartiers historiques qui rappellent le passé. Ce centre est souvent le siège du pouvoir politique.

De nouveaux quartiers, comme le **centre des affaires**, se sont constitués dans les **métropoles** et accueillent les activités d'affaires et de commerce.

Au-delà de la ville, les **banlieues** présentent des paysages variés. Plusieurs types d'habitations et de populations y coexistent : les **lotissements**, les **grands ensembles** de barres et de tours, les quartiers de villas et les espaces pavillonnaires.

L'évolution des paysages urbains

Les villes se sont beaucoup étendues. Aujourd'hui, les **allers-retours quotidiens** entre la banlieue et le centre entraînent d'énormes embouteillages aux heures de pointe.

L'intense circulation automobile provoque une forte **pollution**. Des mesures permettent de l'atténuer : le développement d'**espaces verts**, l'instauration de la **circulation alternée** des véhicules, l'incitation au **covoiturage** et le développement de **transports urbains** propres.

J'étudie un paysage

Le paysage est ce que l'on voit d'un morceau de la Terre. Tu peux l'observer directement en te promenant ou, le plus souvent, à partir d'une photographie.

Photographie aérienne du village de Haspelschiedt (Moselle).

Pour lire et étudier un paysage, tu dois suivre plusieurs étapes.

- Situer le paysage.
- Repérer les différents plans : au premier plan le village, au second plan la forêt et le lac, à l'arrière-plan des reliefs plus élevés.
- Faire la liste des éléments que tu vois sur la photographie : les éléments naturels (forêt, lac, relief...) et les éléments humains (village, routes, champs cultivés...).
  Pour t'aider, tu peux classer ces éléments dans un tableau.
- Indiquer le type de paysage : rural, urbain ou naturel.

Je fais un croquis de paysage

Pour savoir comment s'organise le paysage, fais un croquis de ce que tu vois sur la photographie.

- Décalque le paysage de la photographie.
- Reproduis les différents éléments présents dans le paysage : trace la zone occupée par le village, par les champs cultivés, par la forêt, par le lac...
- Colorie d'une couleur différente chaque zone.
- Construis une légende : indique à quoi correspond chaque couleur.
- Mets de l'ordre dans la légende en reprenant le classement de ton tableau : les éléments naturels ensemble, puis les éléments humains.

Tu peux maintenant donner une interprétation du paysage.

- Dans quel milieu se trouve-t-il ?
- Quelle est sa principale activité ?
- Comment est l'habitat (groupé ou dispersé) ?
- Le village est-il bien desservi par des voies de communication ?

J'analyse un paysage de ma région

- En classe, cherchez des photographies de votre région, de votre ville ou de votre village.
- Par groupes, choisissez une photographie et étudiez-la en repérant les différents plans, les éléments naturels et les éléments humains...
- Réalisez le croquis du paysage choisi.
- Collez-le sur un panneau et écrivez votre interprétation du paysage.

Qu'est-ce qu'un

L'industrie française a connu de grands changements au cours de son histoire. Les paysages industriels ont suivi ces transformations.

Doc. 1 : L'industrie en France.

1. Quels sont les deux plus grands centres industriels français ?

2. Cite les quatre grands ports industriels.

3. Où se situent les anciennes régions industrielles aujourd'hui en reconversion ?

4. Compare la localisation des technopôles avec celle des anciennes régions industrielles. Que remarques-tu ?

paysage industriel ?

Doc. 2 : Le couloir de la chimie, à Lyon-Feyzin (Rhône).

5. Où se situe le couloir de la chimie ? Aide-toi de la carte page 46.

6. Quels types d'installations industrielles observes-tu (Doc. 2) ?

7. Repère les différentes voies de communication. Pourquoi sont-elles utiles à l'industrie ?

Doc. 3 : L'usine de construction automobile de Peugeot-Citroën, à Poissy (Yvelines).

8. Décris les installations de cette usine (Doc. 3).

9. Repère les voies de communication qui arrivent au site.

10. Quels sont les points communs des Doc. 2 et 3 ?

Doc. 1 : La mine de charbon de Lens (Nord-Pas-de-Calais).

1. Décris ce paysage industriel.

2. De quoi sont formées les petites collines ?

3. Pourquoi appelait-on ces régions des « pays noirs » ?

Doc. 2 : Une ancienne mine à Pompey (Lorraine).

4. Ce site industriel est-il toujours en fonctionnement (Doc. 2) ?

5. De quel type d'industrie s'agit-il (Doc. 3) ?

6. Pourquoi cette activité industrielle a-t-elle été arrêtée ?

7. Ce site a-t-il été totalement délaissé ?

8. Quelles industries ont pris la relève (Doc. 3) ?

LA RENAISSANCE INDUSTRIELLE DE POMPEY

La commune de Pompey tente aujourd'hui de s'assurer un avenir économique, compromis il y a peu par la […] crise de la sidérurgie lorraine : plus rien ne subsiste d'un passé prestigieux. Le paysage ressemble par endroits à une vaste friche. […] Sur les terrains libérés par une activité en perdition se sont installées de nouvelles industries (entreprises de construction d'autoradios ou de papier sanitaire).

Lorraine, l'industrie recomposée, CNDP.

Doc. 3

Doc. 4 : Les chantiers navals de Nantes-Saint-Nazaire (Loire-Atlantique).

9. Où se situe cette industrie ? Repère les autres ports industriels sur la carte page 46.

10. Que produisent des chantiers navals ?

11. Quelles installations peux-tu observer sur cette photographie ?

Doc. 5 : Le technopôle de Sophia-Antipolis, à Nice (Alpes-Maritimes).

12. Compare ce paysage industriel (Doc. 5) avec ceux des Doc. 1 à 4. Quelles sont les différences ?

13. À ton avis, est-ce le même type d'industrie ?

14. L'industrie du Doc. 5 s'intègre-t-elle bien dans le paysage naturel ? Explique ta réponse.

La fin des mines de charbon

Le journal *La Voix du Nord* du 22 décembre 1990 annonce la fermeture de la dernière mine de charbon du Pas-de-Calais.

CHARBON

LA FIN

PLACE A L'AVENIR…

Rost-Warendin, le 26 octobre pour le Nord. Oignies, le 21 décembre pour le Pas-de-Calais. L'année 1990 aura marqué l'arrêt définitif de l'extraction charbonnière dans notre région. C'est la fin d'une époque qui aura profondément bouleversé l'Artois, le Douaisis et le Hainaut.

Une époque glorieuse au cours de laquelle le Nord et le Pas-de-Calais auront fourni à la France l'essentiel de son énergie : 2,5 milliards de tonnes de charbons ont été extraites du sous-sol en un siècle et demi.

Une époque douloureuse aussi avec ses catastrophes (Courrières en 1906, Liévin en 1974) ; avec ses heurts sociaux ; avec ce drame permanent qu'est la silicose qui continuera à étouffer bien après la fermeture du dernier puits.

Un chapitre de l'histoire de la région s'achève. Les hommes qui l'ont fait n'étaient pas des héros. Mais, quand le destin ou la conjoncture les ont provoqués, ils ont su faire face. Il en a fallu de la solidarité, de l'initiative, de la détermination pour déjouer tous les pièges de la mine.

Aujourd'hui, un nouveau défi se présente que certains ont déjà relevé. Depuis trente ans, l'après-mines se prépare.

LA VOIX DU NORD

La une du journal « La Voix du Nord » le 22 décembre 1990.

Le nucléaire français

La France est le pays le plus « nucléarisé » du monde : plus de 80 % de son électricité est d'origine nucléaire. Cette énergie ne contribue pas au réchauffement climatique, mais ses déchets restent radioactifs pendant plusieurs siècles.

L'usine nucléaire de Montélimar, sur le Rhône (Drôme).

L'industrie dans l'art

Les peintres ont toujours été inspirés par les paysages qu'ils observaient autour d'eux, et notamment par les paysages industriels des usines. Raoul Dufy (1877-1953) a réalisé cette toile *Usine à l'Estaque* en 1908.

Tableau de Raoul Dufy.

Les éoliennes

Autrefois, on utilisait les moulins à vent pour moudre le grain. Aujourd'hui, on utilise toujours la force du vent : des éoliennes sont construites pour produire de l'électricité. Les meilleurs sites d'installation sont les bords de mer et les sommets des collines, où le vent est plus fort et plus régulier.

Le parc d'éoliennes de Fos-sur-Mer (Bouches-du-Rhône).

LEXIQUE

Reconversion : création d'entreprises qui remplacent d'anciennes activités.

Technopôle : espace aménagé pour accueillir des entreprises de haute technologie.

Zone industrialo-portuaire : zone aménagée près d'un port et accueillant des activités portuaires et industrielles.

CARNET DE ROUTE

Qu'est-ce qu'un paysage industriel ?

Un paysage industriel est un paysage dans lequel **l'activité industrielle est dominante**. On y trouve soit d'anciennes industries qui ont fortement marqué les paysages (terrils), soit des industries plus récentes, mais en constante évolution.

Les **vastes bâtiments** et les **voies de communication** pour acheminer les productions marquent souvent fortement les paysages industriels.

L'évolution des paysages industriels

L'industrie française a beaucoup évolué. Certaines industries ont disparu comme dans les **vieux « pays noirs » charbonniers et sidérurgiques** du Nord et de l'Est. Ces régions sont aujourd'hui en **reconversion** et développent de nouvelles activités.

D'autres industries sont apparues. Certaines se sont installées **sur les littoraux**, où arrivent par bateaux les matières premières. Les coûts de production y sont donc moins importants et les industries sont proches des marchés mondiaux. Des **zones industrialo-portuaires** ont été créées dans les grands ports français. D'autres, les **industries de haute technologie**, se concentrent dans les métropoles bien desservies par les voies de communication et à proximité d'universités et de centres de recherche : ce sont les **technopôles**.

Les transformations des paysages industriels

Autrefois, les paysages industriels se construisaient autour des **ressources naturelles** (minerais, charbon) et des bâtiments de production (usines). Aujourd'hui, les nouveaux bâtiments des paysages industriels abritent surtout des centres de recherche, des bureaux d'études, des entrepôts et des hangars dans un environnement souvent agréable.

Qu'est-ce qu'un

La France est le premier pays touristique du monde.
Les paysages aménagés pour le tourisme sont très variés en fonction des lieux et des types de tourismes.

Doc. 1 : Le tourisme en France.

1. Quels sont les lieux très fréquentés par les touristes ?

2. Qu'est-ce qui les attire ?

paysage touristique ?

Doc. 2 : Le cap d'Agde (Hérault).

3. Sur quelle mer se situe cette station balnéaire (Doc. 2) ?

4. Sur quel type de côte se situe-t-elle (rocheuse, sableuse, élevée, basse) ?

5. Décris les différents types d'habitats.

6. Au début des années 1960, il n'y avait que des étangs. Quels grands aménagements ont été créés ?

7. Quels aménagements observes-tu (Doc. 3) ?

8. Pourquoi a-t-on créé une station de sports d'hiver à cet endroit ?

9. Quels sont les points communs de Val-Thorens et du cap d'Agde ?

Doc. 3 : Val-Thorens (Savoie).

Doc. 1 : Le Mont-Saint-Michel (Manche).

1. En bordure de quelle mer se trouve le Mont-Saint-Michel ?

2. Dans quel paysage se situe-t-il ?

3. D'après toi, qu'est-ce qui attire les touristes dans ce lieu ?

LE TOURISME SUR LA CÔTE D'AZUR

Outre l'ensoleillement dépassant partout 250 jours par an, la sécheresse d'été favorisant la vie de plein air et la beauté des paysages côtiers, la région Provence-Alpes-Côte-d'Azur offre une grande variété de sites attractifs.

Doc. 2

4. Repère la Côte d'Azur sur la carte des climats de la France page 12. Dans quel climat se situe-t-elle ?

5. Qu'est-ce qui attire les touristes sur la Côte d'Azur ?

6. À ton avis, qu'est-ce qui attire les touristes à Biarritz (Doc. 3) ?

7. Comment sont disposés les bâtiments par rapport à l'océan ?

8. Tous les bâtiments sont-ils de la même époque ?

9. De quel type de tourisme s'agit-il ?

Doc. 3 : Biarritz (Pyrénées-Atlantiques).

Doc. 4 : Le Futuroscope à Poitiers (Vienne).

10. Qu'est-ce qu'un parc d'attractions ?

11. Quel type d'installations observes-tu sur cette photographie ?

12. Qu'est-ce qui attire les touristes dans ce lieu ?

Doc. 5 : La tour Eiffel.

13. De quelle ville la tour Eiffel est-elle le symbole ?

14. Qui sont les personnes sur le bateau-mouche ? Que font-elles ?

15. De quel type de tourisme s'agit-il ?

Le circuit des châteaux de la Loire

Le tourisme culturel progresse. Des circuits permettent de visiter les châteaux du Val de Loire, les églises médiévales et les vieilles cités.

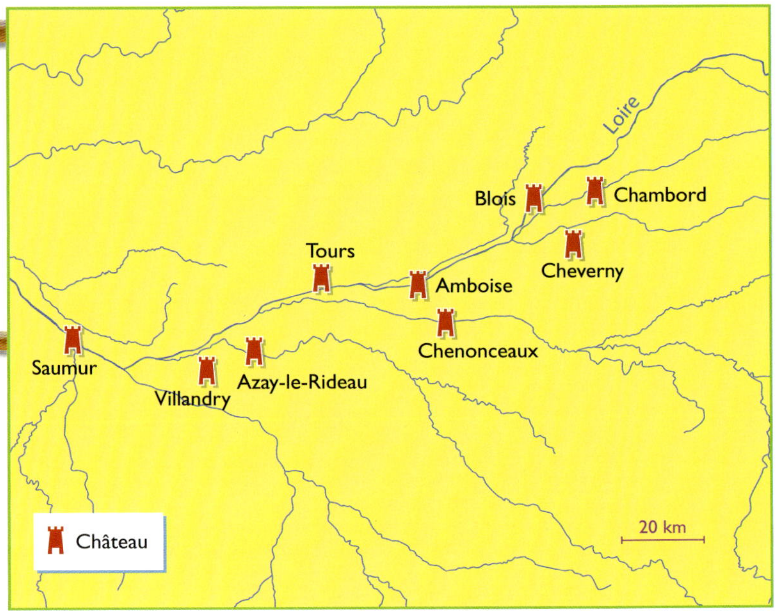

La carte des châteaux de la Loire.

Les salons et les foires

Les professionnels et les industriels du monde entier viennent en France en tourisme d'affaires pour assister à des foires ou à des salons, où sont présentés les nouveaux produits industriels. Le « Mondial de l'Automobile » réunit ainsi toutes les sociétés automobiles du monde, tous les deux ans, à Paris.

Le palmarès du tourisme en France

La France est le premier pays touristique du monde. La liste des cinq sites les plus visités ne varie pas beaucoup d'année en année. Ils se situent tous à Paris ou en région parisienne :

– Disneyland Paris ;
– Le musée du Louvre ;
– La tour Eiffel ;
– Le Centre Georges-Pompidou ;
– Le château de Versailles ;
– La Cité des sciences et de l'industrie.

Le château de Versailles (Yvelines).

Des paysages souterrains

Le monde des grottes est fascinant, avec ses gouffres, ses rivières souterraines, ses stalactites et ses stalagmites nées de l'action des eaux. Il attire les spéléologues et de plus en plus de touristes.

Le gouffre de Padirac (Lot).

LEXIQUE

Station balnéaire : lieu aménagé en bord de mer pour accueillir les vacanciers et les touristes.

Station intégrée : ensemble de bâtiments qui regroupe sur un espace réduit les logements, les commerces, les services et les équipements de loisirs.

Tourisme : ensemble des activités liées aux déplacements des personnes pour leurs loisirs.

CARNET DE ROUTE

Des paysages variés

La France présente des paysages touristiques très variés. La **beauté des sites naturels** (grande étendue de littoraux, paysages de haute montagne), son **patrimoine historique** exceptionnel et la **renommée de ses grandes villes** (Paris) font de la France un espace très attractif. Elle est le pays le plus visité au monde.

Des paysages aménagés par le tourisme

Les paysages touristiques présentent une **grande variété** suivant l'ancienneté plus ou moins grande du **tourisme**, mais surtout selon la taille et la masse des **installations** (hôtels, routes, installations portuaires et balnéaires, immeubles…).

Des **parcs naturels** ont été créés pour préserver la nature et accueillir les touristes. Depuis peu, les **parcs de loisirs** (parcs d'attractions, parcs nautiques) se sont multipliés.

Enfin, le **tourisme vert** (vacances à la ferme, gîtes ruraux) attire une clientèle familiale dans les campagnes.

Des paysages créés par le tourisme

La création de centres touristiques sur les littoraux (**stations balnéaires**) et dans les hautes vallées montagnardes s'est étalée sur deux siècles. Mais depuis 1970, des **stations intégrées** ont été créées de toutes pièces dans des espaces jusque-là délaissés. De nombreuses résidences secondaires ont été construites et ont parfois dégradé les sites naturels.

Je décris une photographie aérienne

zone représentée sur la carte page suivante

Photographie aérienne de la Baie des Anges, entre Nice et Antibes (Alpes-Maritimes).

Nous pouvons observer un paysage grâce à une photographie aérienne qui nous le montre vu d'en haut.
Nous pouvons y voir le rivage, les ensembles d'immeubles, les toits des maisons, les routes et la voie ferrée, tous les éléments qui composent le paysage.

un cartographe

J'observe une carte

Le cartographe est celui qui représente un territoire sous la forme d'un dessin à plat, une carte.
La carte est une image, une représentation des éléments du paysage : le relief, les cours d'eau, les lieux habités, les voies de communications, les cultures, les forêts...
Elle donne les noms des lieux et permet de se repérer.
Elle est une représentation à plat du paysage.
Chaque carte est aussi un modèle réduit de la réalité : elle a une échelle qui indique les distances.
Les différents éléments du paysage sont représentés par des symboles dans la légende.

Carte de la Baie des Anges.

Regarde la photographie aérienne et compare-la avec la carte :

- retrouve le tracé du littoral ;
- repère les voies de communication (aide-toi de la légende) ;
- retrouve les éléments A, B, C et D de la carte sur la photographie. À quoi correspondent-ils ?

Petit dictionnaire des paysages français

A

Altitude : hauteur d'un point au-dessus de la mer.

B

Banlieue : communes autour d'une ville qui forment avec elle un ensemble.

Bocage : champs fermés par des haies.

C

Campagne : paysage de champs.

Climat : ensemble de types de temps qui se succèdent sur une année. Le climat se définit par les températures et les précipitations.

E

Exploitation agricole : ensemble des champs travaillés par un agriculteur.

G

Grand ensemble : habitat collectif de grande taille sous forme de tour ou de barre.

L

Lotissement : ensemble de maisons individuelles à peu près toutes identiques et regroupées.

M

Métropole : très grande agglomération.

P

Paysage : ce que nous voyons d'un morceau de la Terre.

Périurbain : autour de la ville.

Plaine : étendue plane et basse.

Plateau : étendue plate dans laquelle les vallées sont encaissées.

Pouvoirs publics : l'État et les organismes élus : les conseils régionaux, les conseils généraux et les conseils municipaux.

Précipitation : humidité qui tombe du ciel sous forme de pluie, de neige ou de grêle.

R

Reconversion : création d'entreprises qui remplacent d'anciennes activités.

Relief : les montagnes, les plateaux, les plaines, les vallées et les collines sont les principales formes de relief.

Rural : tout ce qui est entre la ville et un espace naturel sans trace humaine apparente.

S

Station balnéaire : lieu aménagé en bord de mer pour accueillir les vacanciers et les touristes.

Station intégrée : ensemble de bâtiments qui regroupe sur un espace réduit les logements, les commerces, les services et les équipements de loisirs.

T

Technopôle : espace aménagé pour accueillir des entreprises de haute technologie.

Tourisme : ensemble des activités liées aux déplacements des personnes pour leurs loisirs.

Z

Zone humide : zone de marais riche par sa faune et sa flore.

Zone industrialo-portuaire : zone aménagée près d'un port et accueillant des activités portuaires et industrielles.

Crédits photographiques

Rabats : *La Défense* : © M. Rugner / Age Fotostock / Hoa-Qui / GHFP ; *île de Porquerolles* : © C. Vaisse / Hoa-Qui / GHFP ; *volcans d'Auvergne* : © J. Damase / Explorer / Hoa-Qui / GHFP ; *moissons* : © C. Thiriet / Bios Phone ; *port industriel* : © G. Rolle / REA ; *vache en montagne* : © J.-F. Hagenmuller / Hoa-Qui / GHFP. **P. 5 :** © E. Valentin / Hoa-Qui / GHFP. **P. 6 :** © M. A. Otsoa / Age Fotostock / Hoa-Qui / GHFP. **P. 7 h :** © J.-P. Lescourret / Explorer / Hoa-Qui / GHFP. **P. 7 b :** © S. Cellai / Age Fotostock / Hoa-Qui / GHFP. **P. 8 h :** © photoblot.com. **P. 8 b :** © H. Stadler / Corbis. **P. 9 h :** © P. Duran / Corbis Sygma. **P. 9 b :** © G. Martin-Raget / Hoa-Qui / GHFP. **P. 10 h :** © P. Royer / Hoa-Qui / GHFP. **P. 10 b :** © C. Rouet / Gamma. **P. 11 :** © Sarlin / Wallis. **P. 13 h :** © E. Sampers / Explorer / Hoa-Qui / GHFP. **P. 13 b :** © L. Grive / Grandeur Nature / GHFP. **P. 14 hg :** © H. Silvester / Rapho. **P. 14 hd :** © M. Rugner / Age Fotostock / Hoa-Qui / GHFP. **P. 14 bg :** © D. Goudouneix / Jacana / GHFP. **P. 14 bd :** © J.-F. Hagenmuller / Jacana / GHFP. **P. 16 h :** © Y. Arthus-Bertrand / Altitude. **P. 16 m :** © M. Jacques / Gamma. **P. 16 b :** © E. De Malglaive / Gamma. **P. 17 :** © Q. Qineti / Imagestate / GHFP. **P. 19 h :** © P. Tordeux / Jacana / GHFP. **P. 19 b :** © Y. Tierny / Explorer / Hoa-Qui / GHFP. **P. 20 :** © L. Roulland / Altitude. **P. 21 h :** © P. Roy / Hoa-Qui / GHFP. **P. 21 b :** © photoblot.com. **P. 22 h :** F. Damm / Zefa / Corbis. **P. 22 m :** © X. Desmier / Rapho. **P. 22 b :** conception Pôle relais lagunes méditerranéennes © Secrétariat Ramsar (la Convention sur les zones humides), Journée mondiale des zones humides, 2005 / Pôle Languedoc-Roussillon. **P. 23 :** musée d'Orsay © R.-G. Ojéda / RMN. **P. 24 :** © O. Franken / Corbis. **P. 25 :** © C. Thiriet / Altitude. **P. 26 :** © photoblot.com. **P. 27 :** © R. Mattes / Explorer / Hoa-Qui / GHFP. **P. 29 h :** © A. Gamet / Rapho. **P. 29 b :** © Jarry-Tripelon / TOP. **P. 30 h :** © D. Ball / Photononstop. **P. 30 m :** © M. Branchi / Panda Photo / Bios. **P. 30 b :** © G. Marché / Photononstop. **P. 31 :** © Explorer Archives / Keystone-France / GHFP. **P. 32 :** © J. Cedre / Grandeur Nature / Hoa-Qui / GHFP. **P. 33 h :** © G. Sioen / Rapho. **P. 33 b :** © H. Silvester / Rapho. **P. 34 h :** © M. Gottschalk / Age Fotostock / Hoa-Qui / GHFP. **P. 34 b :** © D. Staquet / Rapho. **P. 35 h :** © P. Roy / Hoa-Qui / GHFP. **P. 35 b :** © J. Cedre / Grandeur Nature / Hoa-Qui / GHFP. **P. 36 h :** réalisation Étienne Chatiliez © Productions Telema. **P. 36 m :** © Communauté de Communes de la Haute-Meurthe. **P. 36 b :** © Y. Brioux / Grandeur Nature / GHFP. **P. 37 :** © P. Feret / Altitude. **P. 38 :** © H. Champollion / TOP. **P. 39 h :** © photoblot.com. **P. 39 b :** © W. Bibikow / Age Fotostock / Hoa-Qui / GHFP. **P. 40 h :** © A. Robin / Hoa-Qui / HPI / GHFP. **P. 40 b :** © G. Morand-Grahame / Hoa-Qui / GHFP. **P. 41 h :** © Y. Arthus-Bertrand / Altitude. **P. 41 b :** © D. Scott / Age Fotostock / Hoa-Qui / GHFP. **P. 42 h :** © J.-M. Armani / Rapho. **P. 42 b :** © X. Testelin / Rapho. **P. 43 :** © J.-M. Charles / Age Fotostock / Hoa-Qui / GHFP. **P. 44 :** © J. Cedre / Grandeur Nature / Hoa-Qui / GHFP. **P. 47 h :** © Y. Arthus-Bertrand / Altitude. **P. 47 b :** © D. Pizzalla / PSA Peugeot Citroën. **P. 48 h :** © C. Lespinasse / REA. **P. 48 b :** © J. Gayard / REA. **P. 49 h :** © Ch. Delu / Explorer / Hoa-Qui / GHFP. **P. 49 b :** © B. Decout / REA. **P. 50 h :** © Collection privée / *La Voix du Nord* / Bridgeman. **P. 50 m :** © J. Fuste Raga / Age Fotostock / Hoa-Qui / GHFP. **P. 50 b :** musée Cantini, Marseille, cliché J. Bernard © ADAGP, Banque d'Images, Paris 2007. **P. 51 :** © M. Gunther / Bios. **P. 53 h :** © P. Lorne / Explorer / Hoa-Qui / GHFP. **P. 53 b :** © G. Lansard / Hoa-Qui / GHFP. **P. 54 h :** © S. Grandadam / Hoa-Qui / GHFP. **P. 54 b :** © O. Franken / Corbis. **P. 55 h :** © J. Larrea / Age Fotostock / Hoa-Qui / GHFP. **P. 55 b :** © B. Lawrence / Imagestate / GHFP. **P. 56 h :** © Mondial de l'Automobile 2006 / AMC Promotion. **P. 56 b :** © D. Scott / Age Fotostock / Hoa-Qui / GHFP. **P. 57 :** © C. Boisvieux / Hoa-Qui / GHFP. **P. 58 :** © Y. Arthus-Bertrand / Altitude.

Crédit texte

P. 22 : « Prières dans la cathédrale de Chartres », *La Tapisserie de Notre-Dame*, © Corsaire Éditions.

Responsable éditoriale : Stéphanie-Paule SAÏSSE

Assistante d'édition : Delphine DEVEAUX

Création de la maquette de couverture : Laurent CARRÉ

Illustration de la couverture : Alain BOYER

Exécution de la maquette de couverture : TYPO-VIRGULE

Création de la maquette intérieure : Laurent CARRÉ

Mise en pages : TYPO-VIRGULE

Illustrations : Valérie STETTEN (fonds matières et cadres des pages « En savoir plus »,
Gilles POING (p. 10, p. 28 et p. 42), Alain BOYER (fonds textes),
Nathalie DESVERCHÈRE (fonds matières des « Carnets de route »)

Cartographie : DOMINO (Nathalie GUÉVENEUX)

Recherche iconographique : Delphine DEVEAUX

Fabrication : Isabelle SIMON-BOURG

Achevé d'imprimer en Espagne par Cayfosa (IMPRESIA IBÉRICA)
Dépôt légal: 10/2010 - Collection n°74 - Edition 06
11/7375/6